# BEI GRIN MACHT SICH IHR WISSEN BEZAHLT

- Wir veröffentlichen Ihre Hausarbeit, Bachelor- und Masterarbeit

- Ihr eigenes eBook und Buch - weltweit in allen wichtigen Shops

- Verdienen Sie an jedem Verkauf

## Jetzt bei www.GRIN.com hochladen und kostenlos publizieren

Michel Bartoschik, Nikolai Achenbach, Janick Wagner

# Approximation periodischer Funktionen. „Sägezahnimpuls" & „Rechtecksimpuls"

GRIN Verlag

**Bibliografische Information der Deutschen Nationalbibliothek:**

Die Deutsche Bibliothek verzeichnet diese Publikation in der Deutschen National-
bibliografie; detaillierte bibliografische Daten sind im Internet über http://dnb.d-
nb.de/ abrufbar.

**Impressum:**

Copyright © 2014 GRIN Verlag GmbH
Druck und Bindung: Books on Demand GmbH, Norderstedt Germany
ISBN: 978-3-656-59753-7

**Dieses Buch bei GRIN:**

http://www.grin.com/de/e-book/268685/approximation-periodischer-funktionen-
saegezahnimpuls-rechtecksimpuls

**GRIN - Your knowledge has value**

Der GRIN Verlag publiziert seit 1998 wissenschaftliche Arbeiten von Studenten, Hochschullehrern und anderen Akademikern als eBook und gedrucktes Buch. Die Verlagswebsite www.grin.com ist die ideale Plattform zur Veröffentlichung von Hausarbeiten, Abschlussarbeiten, wissenschaftlichen Aufsätzen, Dissertationen und Fachbüchern.

**Besuchen Sie uns im Internet:**

http://www.grin.com/

http://www.facebook.com/grincom

http://www.twitter.com/grin_com

# Approximation periodischer Funktionen: „Sägezahnimpuls" & „Rechtecksimpuls"

Gruppenarbeit von
Nikolai Achenbach, Michel Bartoschik & Janick Wagner

Mathematik MERJ, Q4
Lahntalschule Biedenkopf

# Gliederung

- Prinzip des Verfahrens
- erste Näherungen an den „Rechtecksimpuls" und den „Sägezahnimpuls"
- Hypothese zum Verhalten der Funktionen bei unendlicher Fortsetzung ($n \to \infty$)

- Anhang: CAS-Bildschirme zur Erläuterung

„Die folgenden Ausführungen beruhen allein auf den Ergebnissen der zugrunde liegenden Gruppenarbeit von Nikolai Achenbach, Michel Bartoschik und Janick Wagner. Anhand der von dem Lehrer Joachim Mertens zur Hand gegebenen Arbeitsschritte, die auch der Gliederung entsprechen, wurde das Projekt ohne die Benutzung weiterer Quellen formuliert und ist somit geistiges Eigentum der Autoren.

Die im Anhang hinzugefügten Graphiken wurden mit dem im Schulunterricht verwendeten Computeralgebraprogramm des „Texas Instruments Nspire CAS" gezeichnet.

Viel Spaß beim Studieren der Arbeit!"

# Prinzip des Verfahrens

Die Aufgabe in unserer Gruppenarbeit bestand darin, durch das Aufsummieren verschiedener trigonometrischer Funktionen eine Approximation bestimmter periodischer Formen zu erreichen. Hierbei konzentrierten wir uns auf die dem sogenannten „Rechtecksimpuls" und dem „Sägezahnimpuls" zugehörigen Funktionen.

Hierbei ist es von besonderer Relevanz, welche Form von trigonometrischen Funktionen man aufaddiert, da nur so die jeweils charakteristische Ausprägung zu Stande kommt. Darüber hinaus ist zu bemerken, dass die Annäherung umso genauer geschieht, je höher die Anzahl an Summanden (aufsummierter Funktionen) ist.

So ergab sich für den „Rechtecksimpuls" die Reihung von Sinusfunktionen, deren Vorfaktor a jeweils durch die gleiche <u>ungerade</u> Zahl ($\rightarrow$ 2*k-1) dividiert wurde, mit der das x im Sinus multipliziert wurde.( a * sin(x) + a/3 * sin(3x) + a/5 * sin(5x) + ..., vgl. Abb. 1a)
Dieses Verfahren konnte beliebig weit fortgesetzt werden, sodass sich in der Summenschreibweise folgende Funktion ergab, wobei n die Zahl ist, bis zu welcher aufaddiert wird:

$$f(x) := \frac{4}{\pi} \cdot \sum_{k=1}^{n} \left( \frac{\sin((2 \cdot k - 1) \cdot x)}{2 \cdot k - 1} \right)$$

Der Vorfaktor a=4/$\pi$ ergibt sich dabei aus der Vorgabe, dass die Funktion des „Rechtecksimpuls" an folgende Bedingungen angenähert werden soll:
f(x)=1 für 0<x<$\pi$ und f(x)=0 für x=0; x=$\pi$; x=2$\pi$ und f(x)=-1 für $\pi$ <x<2$\pi$ und es sich somit bei der Multiplikation mit 4/$\pi$ um die gewünschte Streckung der Funktion handelt.
Als Funktionsverlauf ergab sich daraus eine periodische Funktion, die einer Reihung von Rechtecken ähnelt. (Abb. 2)

Bei der Funktion des „Sägezahnimpulses" hingegen lag der Augenmerk auf den Maxima und Minima der Funktion. Die Maxima sollten dabei den y-Wert $\pi$/2 erfüllen, die Minima hingegen bei -$\pi$/2. Nähert man die Funktion unendlich genau an, so ergibt sich daraus eine lineare Verbindung von Maxima und Minima. Weiterhin erfüllen die Vielfachen von $\pi$ auf der x-Achse die Bedingung y=0. (Abb. 3)
Auch hier wird die Funktion wieder durch die gleiche Zahl dividiert, mit der auch das x im Sinus multipliziert wird, allerdings werden nicht nur ungerade sondern auch gerade Zahlen verwandt. (Abb. 1b) Unsere anfängliche Überlegung, dass es sich hierbei nur um gerade Zahlen , also 2*k handle, konnten wir schnell verwerfen, da durch eine solche Funktion nicht die Koordinate (0| $\pi$/2) erfüllt wäre. Somit ergibt sich daraus bei beliebiger Fortsetzung folgende Funktion

$$f(x) := \sum_{k=1}^{n} \left( \frac{\sin(k \cdot x)}{k} \right)$$

mit der Bedingung:
f(m*$\pi$ )=0 und Extremstellen bei +\- $\pi$/2.
Ein Streckfaktor wird hierbei nicht benötigt, da die Funktion sich mit ihren Extremstellen ohnehin an +\- $\pi$ /2 annähert.

# Erste Näherungen

Um unser Vorgehen zur Annäherung der Impulsfunktionen für uns nachvollziehbar zu gestalten, begannen wir unsere Funktionsuntersuchungen zuerst mit vergleichsweise kleinen n und beobachteten die Veränderungen. Dabei fiel auf, dass sich die zu Beginn noch charakteristische trigonometrische Funktion schon nach wenigen Schritten stark veränderte. Bei dem „Rechtecksimpuls" zeichnete sich schnell eine tendenziell eckige Form ab (Abb.4-6), beim „Sägezahnimpuls" eine „Spitze" als Maximum und Minimum.(Abb.7-9) Dennoch entsprachen die Kurvenverläufe bei weitem noch nicht den erwünschten Formen: Die „Rechtecksseiten" und die Verbindungen von Maxima und Minima waren von einem „Wellenmuster" durchzogen. Die dabei auftretenden „Wellen" kamen proportional zu n in der Anzahl n-1 vor. Aus diesem Phänomen konnten wir schlussfolgern, dass man somit die Anzahl entsprechend der Genauigkeit der Annäherung beliebig regulieren konnte. Dies bedeutete im Umkehrschluss, dass auch die Intervalle dieser „Wellen" entsprechend kleiner werden müssten, da ja auf gleichem Raum zunehmend mehr „Wellen" untergebracht werden müssten. Dies führte uns zu ersten Mutmaßungen bezüglich des Verhaltens der Funktionen gegen unendlich; dazu allerdings im dritten Teil dieser Ausarbeitung mehr.

Auf Grundlage dieser Erkenntnis, versuchten wir nun mit dem CAS Funktionen mit etwas größeren Werten für n zu zeichnen, wobei wir folgende Fragestellungen beleuchten wollten: Wie genau erfüllen Näherungswerte die gewünschten Bedingungen? Inwieweit kann der CAS hohe n-Werte verarbeiten? Ab welchem n ist die charakteristische Form zu erkennen?

Um die Antworten auf diese Fragen empirisch zu erschließen, begannen wir beliebige Werte (z.B. 50, 100, 500) für n einzusetzen und untersuchten die Funktionen daraufhin, sowohl rechnerisch als auch graphisch. Dabei war bei beiden Impulsen zu beobachten, dass die Genauigkeit der Graphen in Relation zu der Größe des n stand.

Es fiel auf, dass sowohl die Annäherung an 1 bzw. $\pi$/2 in y-Dimension genauer wurde, als auch an die Vielfachen von $\pi$ in x-Dimension. Das heißt konkret, dass auch $\Delta$x, also der Abstand zwischen dem jeweiligen Maximum und Minimum beim Sägezahnimpuls, bzw. zwischen 1 und -1 kürzer und somit die Steigung an den Stellen, an denen x=0 gilt, größer wird. Allerdings muss dabei angemerkt werden, dass stets eine – zwar immer kleiner werdende – Abweichung zu Stande (Werte für kurz oberhalb von x=0 z.T. >1 bzw. >$\pi$/2) kam, die in der Logik keinen Sinn ergab. (Abb. 10 -13; auch vgl. mit 8)

Darüber hinaus entstanden bei zunehmendem n auch technische Probleme mit dem CAS, da der Prozessor große Schwierigkeiten hatte, Funktionen mit n-Werten im 3-4-stelligen Bereich zu zeichnen. Dies lässt sich auf die Tatsache zurückführen, dass die Sinusfunktionen selbst durch eine Aufsummierung zu Stande kommen und somit bei einer „Aufsummierung der Aufsummierung" schlichtweg die Ressourcen des CAS erschöpft sind. (Abb. 14 &15)

Außerdem lässt sich festhalten, dass die Funktionen bereits bei n-Werten von ca. 20, 30, 40 ihr charakteristisches Aussehen annehmen und spätestens ab n=55 beim Sägezahnimpuls und n=75 beim Rechtecksimpuls nicht mehr wirklich zwischen einer Linie oder sehr vielen kleinen „Wellen" unterschieden werden kann. (Abb. 16)

# Verhalten bei n → ∞ (Hypothese)

Wie bereits zuvor angedeutet, lässt sich aufgrund der von uns durchgeführten Untersuchungen an den beiden Impulsfunktionen für deren Verhalten bei n gegen unendlich schlussfolgern, dass die „Wellen" unendlich klein werden, was letztlich quasi einer durchgezogenen Linie entspricht. Auch die Extremstellen werden sich zunehmend genau an 1 bzw. $\pi/2$ in y-Richtung und an m*$\pi$ in x-Richtung annähern; im nicht zu realisierenden Idealfall ∞ diese Werte sogar annehmen.

Dabei ist anzunehmen, dass sich $\Delta x$ 0 annähert, wodurch sich entsprechend die Steigung an den Stellen x=m*$\pi$ unendlich annähern wird. Dies bedeutet für den Rechtecksimpuls, dass sich der Funktionsverlauf tatsächlich der Form eines Rechtecks annähert, also der Winkel zwischen den Funktionsabschnitten mit f '(x)=0 und mit f '(x)=∞ 90° beträgt.

Für den Sägezahnimpuls heißt das, dass die Funktionsabschnitte mit f '(x)=∞ zusammen mit der x-Achse ein rechtwinkliges Dreieck einschließen.

Man nennt diese Funktionen unter diesen Bedingungen auch nach ihrem Entdecker Joseph Fourier Fourierreihen.

Möchte man diese Ergebnisse mit dem CAS nachweisen, so merkt man schnell, dass ab n-Werten im dreistelligen Bereich keine signifikanten Unterschiede an den Graphen mehr auszumachen sind. (vgl auch Abb. 16) Dies deutet allein schon auf eine Verifizierung der Hypothese hin, da sich wohl kein rationales Argument dafür finden lassen wird, wieso sich die Form bei unendlicher Fortsetzung ändern sollte.

Auch rechnerisch lässt sich diese Tendenz untermauern: So weichen die Ist-Werte mit steigendem n immer weniger von den Sollwerten ab. Doch auch hier sind der Methodik technische Grenzen gesetzt. Ab dem Bereich vierstelliger n-Werte stößt das CAS auch bloßer Rechnung ohne Grafik an seine Grenzen. (vgl auch Abb. 13) Deswegen lässt sich auch hier nur begründet vermuten. Doch auch hier fällt die logische Regelmäßigkeit auf, weshalb wir unsere Hypothese hiermit – bis auf weiteres - als weitestgehend bestätigt betrachten können.

# Anhang

## Abb.1:

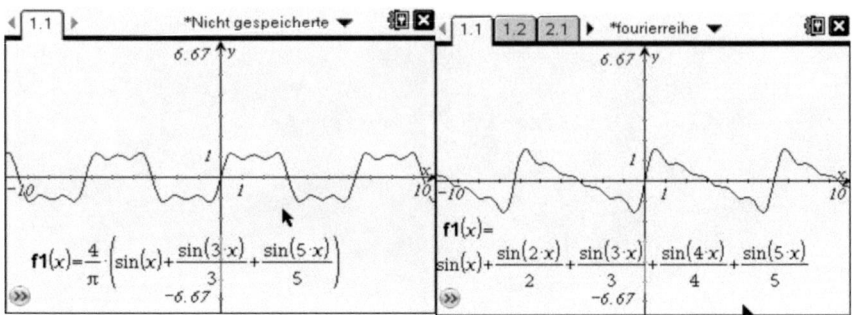

## Abb.2:

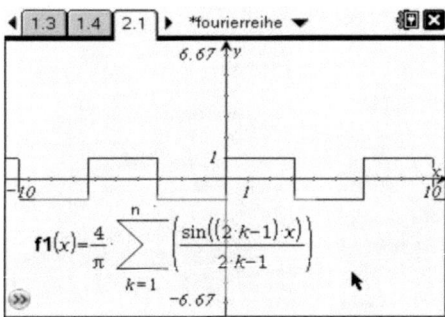

## Abb. 3:

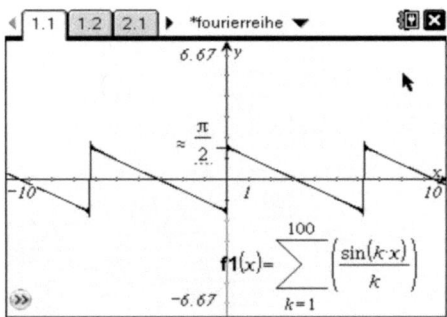

Abb. 4:

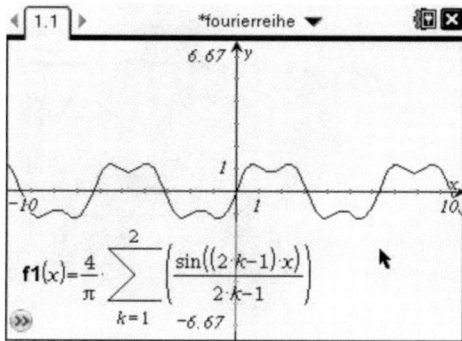

Abb. 5:

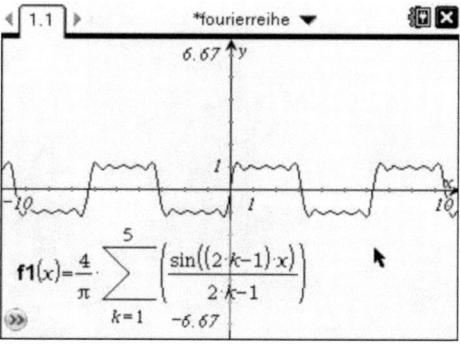

Abb. 6:

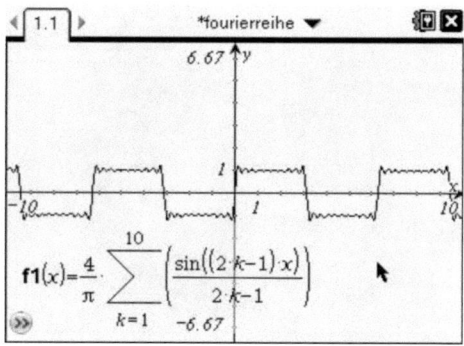

Abb. 7:

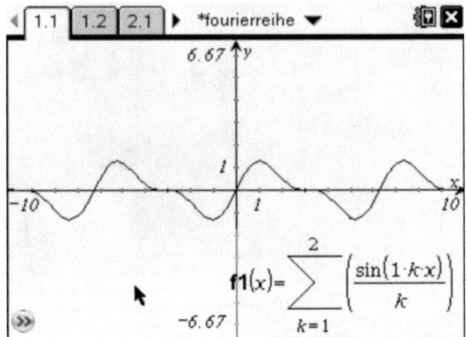

Abb. 8:

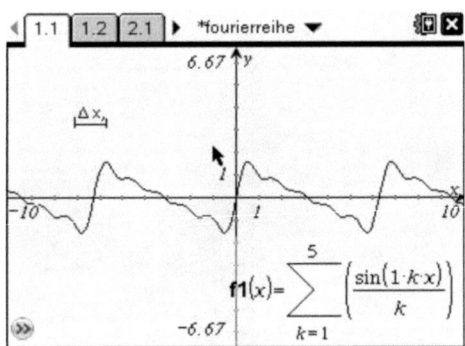

Abb. 9:

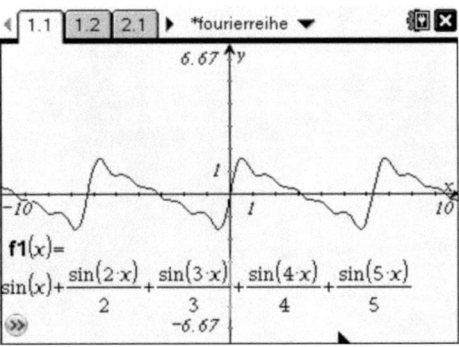

**Abb. 10:**

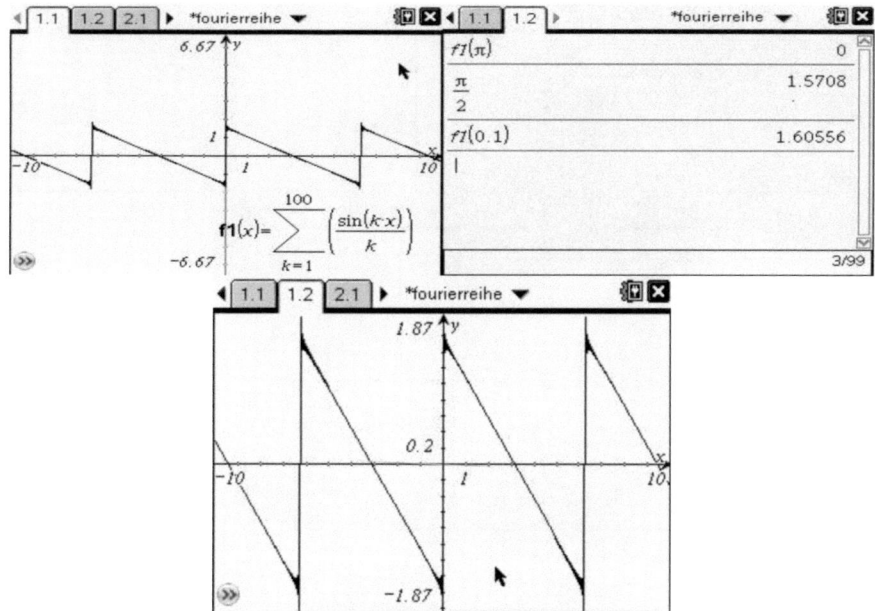

**Abb.11:**

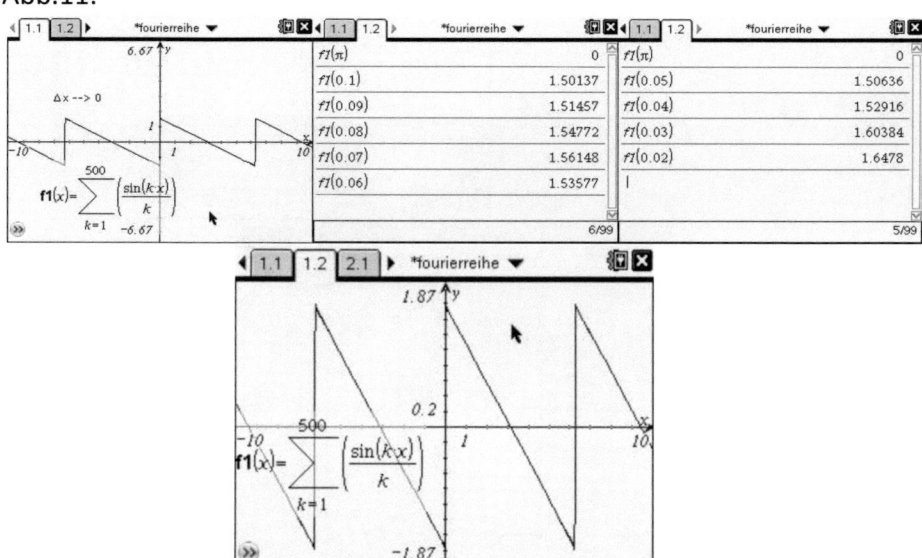

Abb. 12:

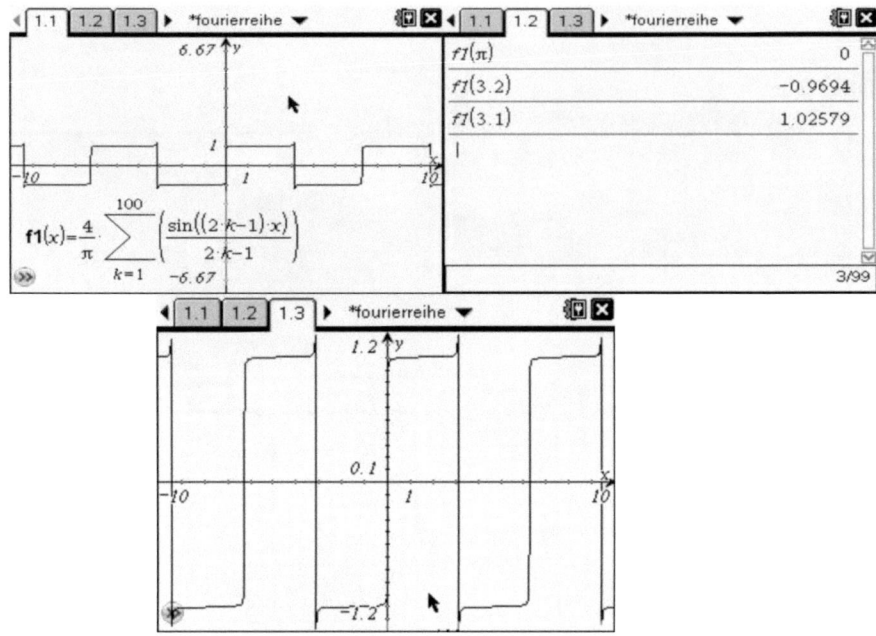

Abb. 13:

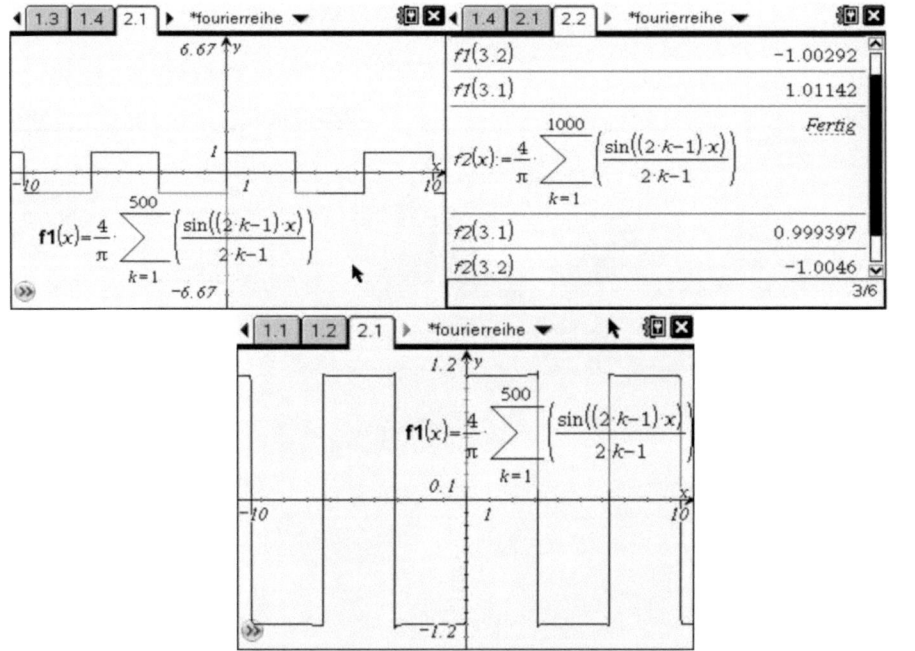

Abb. 14:

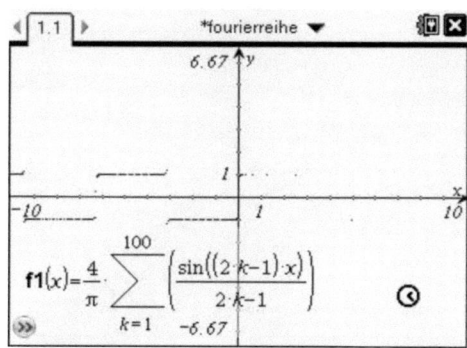

Abb. 15:

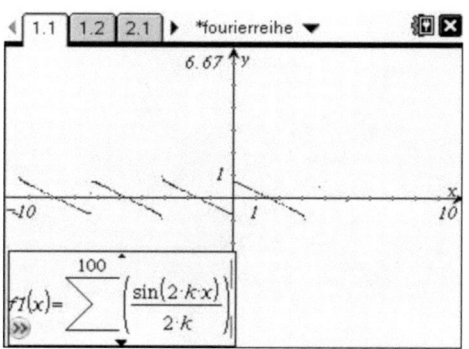

Abb. 16

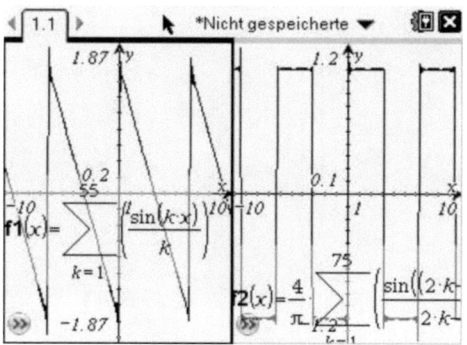